大地のビジュアル大図鑑 3
日本列島5億年の旅

# 時をきざむ 地層

監修：高木秀雄

大芦川（栃木県）の「虎岩」

日本列島5億年の旅 大地のビジュアル大図鑑 3

# 時をきざむ地層
# もくじ

● 表紙の写真

室戸のタービダイト
写真:竹下光士

● 裏表紙の写真

地層大切断面(p.28)
写真:竹下光士

- 4 はじめに
- 5 この本の使い方
- 6 地球の歴史をきざむ美しい重なり「地層」

**1章 地球の過去が見える「地層」**

- 8 しまもようが伝えること
- 10 地層は大地の歴史の積みかさなり
- 12 地層のでき方と変化
- 14 いろいろな地層のつくり
  コラム:湖に沈む「年代のものさし」
- 16 なぜ時代がわかるのか
  コラム:石炭が生まれた時代「石炭紀」
- 18 これが日本最古の地層!
  コラム:世界最古の地層は?
- 20 千葉が世界に!「チバニアン」
  インタビュー:地味だけどすごい地層!

**2章 地層はどうやってできたのか?**

- 22 なぜ地層はふしぎなすがたなのか?

屏風ケ浦(p.11)
阿蘇山火口(p.28)
須佐のホルンフェルス(p.36)
写真:竹下光士

24 　水がつくる地層
　　コラム:プレートの動きによってはぎとられくっつく「付加体」
26 　風がつくる地層
　　コラム:砂丘と砂漠のちがい
28 　火山がつくる地層
　　コラム:火山灰などが積もった「ローム層」が記録する「時間」
30 　海底火山がつくる地層
　　コラム:地球に酸素が生まれた証拠
32 　生き物がつくる地層
　　コラム:生き物の死がい由来の「石油」から考える地球の未来

## 3章　形をかえる地層

34 　地層のすがたをかえるものは?
36 　熱で変化した地層
　　コラム:変成岩ができる場所
38 　波状に曲げられた地層
40 　ずれた地層「断層」
　　コラム:マグマが地層に割って入った「貫入」
42 　巨大な断層「構造線」
　　コラム:諏訪湖は交叉する2つの断層が生んだ!

44 　Information　地層を見にいこう!
46 　さくいん

## はじめに

　みなさんは地層を見たことがあるでしょうか。海岸や切り通しのがけなどでよく見られます。岩の色がしましまになっている場合は、それが地層、またはもともと地層だったものが変化したものかもしれません。

　そのでき方は、水の流れによる作用、風による作用、火山噴火による作用など、さまざまです。また、地層をつくるものは岩石や鉱物の粒であったり、海の生物や植物の化石であったり、またその粒の大きさもさまざまです。このような地層から、過去の地表の環境やできた時代を読みとることもできます。

　本書では、地層の種類と成り立ちについて学び、みなさんがそれを野外で見つけたときに、本書を思い出してもらえるとうれしいです。そしてみなさんが住んでいる家の地下にも、地層が眠っているかもしれません。

高木秀雄

# この本の使い方

この本は、ダイナミックで美しい地層を写真とイラストで紹介することで、地層の成り立ちや歴史などを理解し、興味をもてるように工夫されています。

- **1章** 「地層とは何か」という基本的なことを解説しています。
- **2章** 地層がどのようにしてできるのかについて、さまざまな事例を紹介しながら解説しています。
- **3章** 外からの熱や力によって地層がどのように変化するのかを解説しています。

見開き（2ページ）で1つのテーマをあつかう。

たくさんの写真とイラストを使ったわかりやすい解説。

### ① 地層の写真
日本各地のさまざまな地層を大きな写真で紹介している。

### ② 補足の写真
①の写真と同じでき方の地層や、補足する内容などの写真を紹介している。

### ③ イラスト
地層のでき方や地層に生じる現象などについてしっかりと理解できるように、絵を使ってくわしく解説している。

### ④ 本文
見開きで紹介している地層の特徴やでき方、地層に起こるさまざまな現象などについて解説している。

### ⑤ コラム・インタビュー
地層にまつわるエピソードや専門家からの話を紹介している。

### ⑥ 用語解説
そのページの内容をより深く理解するために必要な用語の意味を解説している。

**アイコン** ● アイコンは、シリーズ『大地のビジュアル大図鑑』の全6巻共通で使用しています。

ほかの巻に関連する内容は、以下のアイコンで示している。

- **1巻** 地球の中の日本列島
- **2巻** 地球は生きている 火山と地震
- **4巻** 大地をつくる岩石
- **5巻** 大地をいろどる鉱物
- **6巻** 大地にねむる化石

 水　水に深くかかわるもの。

 くらし　人びとのくらしにとって大切なもの。

 歴史　昔から人に深くかかわりがあるもの。

（例）

鳥取砂丘（鳥取県）
訪ねることができる場所。

# 地球の歴史をきざむ美しい重なり「地層」

地層とは、砂や泥などが長い時間をかけて積みかさなってできた層のこと。そこには、地球の誕生からの歴史が記録されている。

世界には、すごい地層がたくさんあるね！

● **セブンシスターズ**（イギリス）
白いがけが連なる石灰岩（p.32）の地層。海中のプランクトンの死がいなどが積みかさなって石灰岩となり、海水や風雨にけずられてがけになった。

# 地層のしまもようを調べて日本列島の成り立ちを知ろう！

地層のでき方や種類を知ると、地球と日本列島の歴史がわかるよ！

日本にも、すごくておもしろい地層がいろいろあるよ！

● ドロミテの褶曲山脈（イタリア）
地球の動きによって、地層が曲がりくねった褶曲（p.38）の地層。

● アンテロープキャニオン（アメリカ合衆国）
長い年月をかけて、砂が積みかさなり固まった砂岩（p.13）の地層。水や風にけずられて、独特の曲線の地層となった。

写真：竹下光士

| 1章 | 地球の過去が見える「地層」

# しまもようが伝えること

たくさんの層が積みかさなって、どこまでも続く壮大な峡谷。
どのようにして、このしまもようがつくられたのだろうか。

## ひとつひとつの層に
## 時代ごとの環境が
## 閉じこめられている

　グランドキャニオンは、アメリカのアリゾナ州にある巨大な峡谷です。まず、もともと海底だった場所に、長い時間をかけて砂や泥が堆積して地層ができ、次に地層が隆起して広大な台地が形成されました。その台地がコロラド川の侵食によりけずられたことで、地層の断面があらわれ、写真のような、みごとなしまもようができあがったのです。最下部のいちばん古い層はなんと約18億年前のもの。最上部が約2億7000万年前に堆積した石灰岩です。地層にふくまれた化石や堆積物の種類などを調べると、過去の地形や気候、生息していた生き物など、地球の歴史を解きあかすことができます。

### 用語解説
**堆積**

ものが何重にも積みかさなること。地層のでき方では、砂や泥などが海や湖の底に積もることをさす。積みかさなったものは堆積物とよぶ。

### 用語解説
**隆起**

大地が広い範囲にわたって上昇する現象。隆起すると海岸線が移動して、海の中にあったところが陸地になる。反対の現象は沈降という。

### 用語解説
**侵食**

風、雨、水の流れなど自然の力によって、岩石や地層などがけずられること。侵食によって地形がさまざまに変化する。

写真:竹下光士

1章 地球の過去が見える「地層」

グランドキャニオンは、平均の深さ約1.5km、全長約446kmもある世界最大級の谷だよ！

● グランドキャニオン（アメリカ合衆国）
グランドキャニオンは、約7000万年前に海底が隆起してコロラド高原となった場所にできた。昔は今の最上部の地層よりも新しい層があったが、雨や水などでけずられてしまい、現在のすがたになった。

# 地層は大地の歴史の積みかさなり

がけや岩、山肌などにしまもようが見られることがある。このふしぎなもようは、どのようにしてできたのだろうか。

AREA
飛水峡
（岐阜県）

## 恐竜がいた時代の地層

飛水峡の地層からは、恐竜がいた三畳紀〜ジュラ紀（約2億5200万〜約1億4500万年前）に生息していた放散虫（p.33）という微生物の化石が見つかっている。

飛水峡は約12kmにおよぶ峡谷で、泥岩とチャート（p.33）の層でできた地層が見られる。

## 地層ってなんだろう？

地層には、時代ごとの生き物の死がいや化石などがふくまれています。それにより、昔どんな場所で、どんな生き物がいたのかなどがわかります。地層は大地の歴史を知る、重要な手がかりなのです。地層を上から見ると、いちばん上の面、つまり地表しか見えませんが、山や地面がけずられると地層が断面として見えます。とくに、地層が傾斜している場合は、しまもようがよく見えます。地層は下から順番に積みかさなるので、下ほど古く、上にいくほど新しくなります。地層が曲がってもななめになっても順番はかわりません。このルールを「地層累重の法則」といいます。例外的に、地層の上下がひっくりかえることもあります。

● 堆積物が積みかさなって地層になる
地層は単層とよばれる堆積物の層が積みかさなったもの。

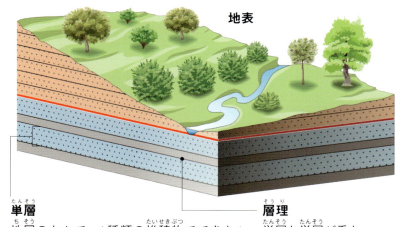

地表

**単層**
地層のなかで、1種類の堆積物でできた1つの層を単層という。地層の色が層ごとにことなるのは、単層の種類がちがうため。

**層理**
単層と単層が重なった面のことを、層理または層理面という。

10

## どんなところで見られるの？

地層の観察しやすい場所はどんなところでしょうか。まずあげられるのは、川べりや海に面した岩場やがけです。流れる水や波のはたらきによって地面がけずられることで、地層があらわれるためです。また、山の斜面やがけでも見られます。雨や風で岩石や土がけずられて、地層が見えるようになるのです。このような地層が見える場所を、「露頭」といいます。

また、地層は工事現場などでも見られます。工事で山をけずったりトンネルの穴を掘ったりするときなどに、地層があらわれることがあるのです。

**1章 地球の過去が見える「地層」**

### 人の手によってけずられて出てきた地層
地層は地面がけずられて偶然にあらわれる。

千葉県の工事現場からあらわれた砂と泥の地層。

地層は、地面がけずられて偶然にあらわれるものなんだね！

みんなの家の地面の下にも、きっと地層がねむっているよ。

### 自然の力でけずられて出てきた地層
自然にけずられた地層では、ダイナミックなすがたがよく見られる。

AREA 屏風ケ浦（千葉県）

屏風ケ浦は、約10km続く地層のがけだ。高さは40〜50m。やわらかい地層で、昔は年間50cm以上も波でけずられていたことがある。

# 地層のでき方と変化

砂や泥などの堆積物が、ただ積みかさなるだけでは、地層にはならない。
地層は、長い時間をかけてどのようにでき、どのように変化していくのだろうか。

> 堆積物はまだ地層じゃないんだね。地層はなんだかかたそうだよ。

## 地層はどうやってできる？

水底に積もって層になった堆積物が、長い年月をかけて固まると地層となります。地層は、ふつうは平行な層の重なりですが、プレート*の動きなどの地球の活動によって海底が隆起して盛りあがり、変形した地層になることもあります。

＊「プレート」とは、地球の表面をおおうかたい岩盤の板。

## 地層の重なりの変化

堆積物は、ふつうは長いあいだ連続して積みかさなる。地球の活動や風雨の影響などにより、途中で中断され、また堆積する場合もある。

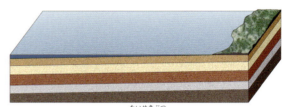

海底に堆積物が積みかさなっていく。

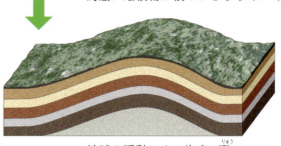

地球の活動により海底が隆起して陸地になる。

雨や風によって地層の上がけずられる。

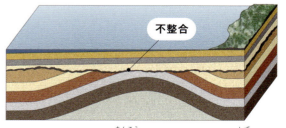

地球の活動によって沈降し、ふたたび海に沈んだ場合、けずられた地層の上にまた堆積物が積もる。

### ● 整合と不整合

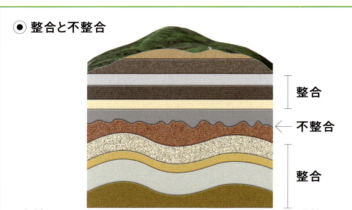

地層がとぎれることなく、連続して積みかさなった状態を「整合」という。地層が途中で長期間とぎれたことがある状態を「不整合」という。不整合は、隆起（陸化）や侵食、その後の沈降など大きな環境の変化があったことを示す。

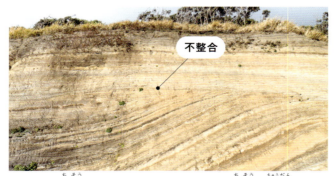

不整合の地層。下のななめになっている地層が中断し、けずられ、その上に水平な地層ができている。

# 堆積岩の種類 📖4巻

堆積物がおしかためられると、岩石になる。

（堆積岩6点すべて）　所蔵：国立科学博物館

● 凝灰岩
火山灰などでできている。

● 泥岩
泥でできている。

● 砂岩
砂でできている。

● チャート
微生物の死がいでできている（p.33）。

● れき岩
岩石のかけらでできている。

● 石灰岩
サンゴなどの死がいでできている（p.32）。

## 地層で生まれるさまざまな岩石

　堆積した層は、長い年月をかけて固まると岩石になります。まずは、上に積みかさなった堆積物の重みで、下の層の堆積物の水分がおしだされて堆積物の粒どうしがぎゅっとくっつきます。つぎに、地下水などにふくまれる鉱物などの成分が、接着剤のような役割をして、粒どうしを固めます。このように固まった堆積物は、堆積岩という岩石にかわります。堆積物がおしかためられると、岩石になります。堆積物の内容によって、堆積岩の種類がちがいます。

1章　地球の過去が見える「地層」

AREA
四万十帯の露頭（高知県）

● 泥岩と砂岩の地層
泥でできた泥岩と、砂でできた砂岩が、交互に重なった四万十帯の地層。砂など重いものが先に沈み、泥など軽いものがゆっくり沈んで、砂の層の上に泥の層が重なる。これが何度もくりかえされて、泥岩と砂岩が交互に重なった層になる。

― 砂岩の層
― 泥岩の層

地層は、岩石でできているんだね！

# いろいろな地層のつくり

地層には、いろいろなもようや形がある。この地層のつくりを「堆積構造」という。
堆積構造を読みとくことで、過去の地球の活動や環境などが推定できる。

地層のつくりをおぼえておけば、地層をより理解できるよ。

## 堆積構造
砂や泥などが、どのような作用を受けて堆積したかを示す特徴的なもようや形のこと。

### スランプ構造

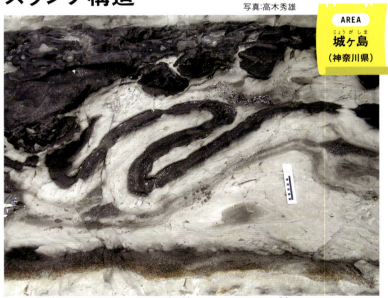

写真：高木秀雄
AREA 城ヶ島（神奈川県）

地震や地すべりなどで、堆積したやわらかい層がすべってくずれ、ゆがんだり曲がったりしたもの。地層がかたむいたり、波打つような形になったりしている。写真は神奈川県城ヶ島で見られる、うねるような形のスランプ構造。

### リップルマーク

AREA 宍喰浦（徳島県）

堆積物の表面につくられた波のようなもよう。水や風などの流れによって堆積物の粒が動き、その動きがくりかえされることでもようができる。写真は徳島県宍喰浦のリップルマーク。ここには大規模なリップルマークの露頭が残されている。

## 地層の構造で上下や水流の向きがわかる

地層のもようや形は、水や風の流れ、地震や地すべり、洪水など、過去の自然現象や地球の活動によってつくられます。そのため、地層のつくりを調べることは、過去の地球の活動や自然環境などを知る手がかりになるのです。どのような場所でつくられたか、堆積する流れの方向や速さ、堆積した地層に起こったできごとなど、さまざまなことがわかります。

● リップルマークでわかること

水流の向き
地層の上下

波もようのかたむき方から、堆積したときの水流の方向を推定できたり、上にとがった形から、地層の上下が判断できたりする。

## 火炎構造

写真:竹下光士

AREA 城ヶ島（神奈川県）

泥などの細かな堆積物の上に、砂などのあらい堆積物が積もると、その重みで上の堆積物はたれさがり、同時に下の堆積物は上にはねあがる。このときに、炎のようなもようができる。この火炎構造は、細かな火山灰の上にあらい火山の噴出物が積もってできた。

## 級化層理

粒が小さい
粒が大きい

単層（p.10）の中で、粒の大きさが上にいくほど小さくなっていく状態のもの。水中に土砂などが流れこむと、大きい粒ほど速く沈むので、下が大きく上が小さな粒の層になる。級化層理の層から、地層の上下がわかる。

## ソールマーク

AREA 宍喰浦（徳島県）

堆積物の表面にくぼみがつき、その上にさらに砂が積もって固まったあと、砂岩の底の面に出っぱりとなって残ったもの。ソールとは底という意味。指で示しているところがソールマーク。何らかの物体が水の流れで転がったあとが、出っぱりとなってまっすぐに残っている。

## クロスラミナ

写真:竹下光士

ななめの細かい層がいくつも重なっているもの。水流で運ばれた堆積物が少しずつ積みかさなり、水の流れがかわると別の方向から積みかさなることをくりかえしてできた。クロスラミナのかたむきや間隔などから、堆積したときの水流の方向や、堆積物が積もった速さなどを判断することができる。

1章　地球の過去が見える「地層」

### コラム
#### 湖に沈む「年代のものさし」

福井県にある水月湖の底には、「年縞」という堆積物が積もっている。年縞は1年に1層ずつ積もり、水月湖には厚さ45mにもなる7万年分の年縞が残されている。これほど長く堆積した年縞は世界でもめずらしい。年縞には、その当時の植物の花粉や火山灰などがふくまれている。年縞の堆積物を調べることで、植物の種類や気温や水温、そして地震や火山活動など、過去の環境について、年単位の精度で推定することができる。

◉ 水月湖

水月湖は、直接流れこむ大きな川がなく、湖底に生き物がいないため、堆積物が乱されずにきれいな状態の年縞が積もる。

◉ 年縞の一部

年縞の堆積物は、春から秋は黒っぽくなり、冬は白っぽくなるので、黒い層と白い層とがセットで1年分の年縞となる。

写真:福井県年縞博物館

# なぜ時代がわかるのか

地層は、いわば地球のタイムカプセル。大昔の自然環境を知るための重要な手がかりとなる。
では、地層に記録された環境が、いつの時代のものなのか、どうやって知ることができるのだろうか。

## 示準化石と示相化石 6巻

短期間に繁栄し、広く分布した生き物の化石は、
示準化石になりやすい。
いっぽう、生息環境がかぎられる生き物の化石は、
示相化石になりやすい。

## 化石から時代や環境を推定する

地層の中には、大昔の生き物の化石がふくまれていることがあります。特定の時代や地域にしか生息していない生き物がいて、その生き物の化石を調べると、地層の堆積物ができた時代や環境を推定することができます。

● 代表的な示準化石

示準化石は、特定の時代にのみ生息していた生き物の化石。その地層がどの時代に堆積したかを知る手がかりになる。

三葉虫の化石は示準化石のひとつ。古生代のあいだだけ生息していたことがわかっているので、古生代のなかの特定の時代を決定するのに役立つ。

● 代表的な示相化石

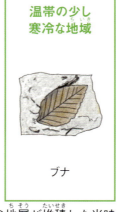

示相化石は、特定の環境にのみ生息していた生き物の化石。その地層が堆積した当時の環境を知る手がかりになる。

サンゴの化石は示相化石のひとつ。サンゴの化石が見つかった場所がたとえば山だったとしても、そこはかつては温暖な浅い海であったと推定できる。

## 時代を知る方法はいろいろ

　地層や岩石、遺物などが形成された年代を測定する方法を年代測定といいます。示準化石も年代を決めることができますが、ほかにもいろいろな方法があります。いくつかの方法を組みあわせることで、より正確な時代がわかる場合もあります。

### 石炭が生まれた時代「石炭紀」

　石炭は、石炭紀（約3億5900万〜約2億9900万年前）の地層でよく見られる。石炭紀は石炭にちなんで名づけられた年代の名前だ。現在、私たちが燃料として使っている石炭は、じつは植物の化石からできている。巨大なシダの森がしげっていた石炭紀には、植物の強度を保つリグニンという物質を分解できる微生物がまだいなかった。そのため、植物が腐らずに化石になってたくさん残ったと考えられている。

● 石炭ができるまで

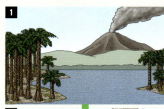

1　石炭紀の水辺には、巨大なシダの森がしげっていた。

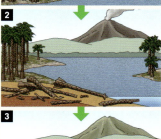

2　枯れたシダが倒れて水中に沈み、土砂が積もっていく。

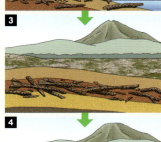

3　シダは腐らないまま地中にうもれていき、地中の圧力や熱が加わる。

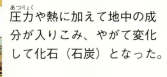

4　圧力や熱に加えて地中の成分が入りこみ、やがて変化して化石（石炭）となった。

出典：九州大学大学院工学研究院地球資源システム工学部門HPをもとに作成

## 元素の変化で知る

**放射年代測定は、現在広く利用されるもっとも一般的な年代測定法。岩石や地層などにふくまれる放射性元素の量を調べて、年代を測定する。**

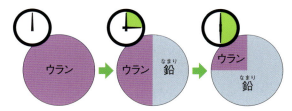

出典：福井県立恐竜博物館HPをもとに作成

　放射性元素とは、ウランなど放射線を放出する物質のことで、放射線を出しながら、時間とともに別の元素に変化する。岩石や地層に残っている放射性元素の量を調べると、何年前にできたものかが測定できる。

## 火山の噴出物の層で知る

**火山噴火の際に、溶岩とともに放出されて地上に降りつもった火山灰や軽石などのことをテフラという。テフラの特徴で地層の年代測定ができる。**

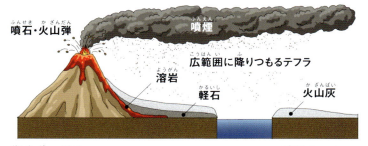

　大規模な噴火で放出されたテフラは、風にのって広範囲に降りつもる。テフラは火山ごとに成分がことなるため、どの火山のものかを特定できる。はなれた場所にある地層でも、同じテフラ層が分布していれば、それらが同時期に堆積したことがわかる。

## 地球の磁場\*の変化で知る

**地球の磁場（地磁気）は、長い年月のあいだに何度もN極とS極が逆転している。地層や岩石の中にある、逆転の記録を調査することで年代がわかる。**

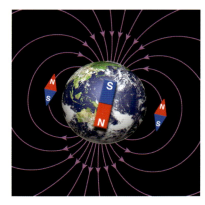

　現在の地磁気。地層や岩石にふくまれる酸化鉄などは、磁石になる性質をもつ鉱物だ。この鉱物には、できたときの地磁気の向きや強さが記録されている。この磁気を調べて、いつの時代の地磁気かを判断する。

\*「磁場」とは、磁石や電流がまわりにつくりだす力のある空間のこと。この力によって、磁石や鉄などは引きよせられたり反発したりする。

1章　地球の過去が見える「地層」

# これが日本最古の地層！

現在確認されている日本最古の地層は、今からおよそ5億年前のカンブリア紀のものだ。
恐竜が登場する時代よりもずっと古い時代の地層だ。

AREA
カンブリア紀の地層
（茨城県）

## まだ陸上に生き物がいなかった時代の地層

現在、日本で確認できる地層でもっとも古いのは、カンブリア紀のものだ。
カンブリア紀には、生き物のほとんどがまだ陸上には進出しておらず、海の中でくらしていた。

カンブリア紀の地層が見られる小木津不動滝。
写真：日立市郷土博物館

茨城県日立市のまちなみ。まちの西側（山側）にはカンブリア紀の地層が分布している。

銅などを採掘していた日立市の日立鉱山跡。鉱山はカンブリア紀の地層の中にあった。

### 日本最古の地層は茨城県に

カンブリア紀の地層は、茨城県日立市から常陸太田市にかけて発見されました。この地層は、地球がまだ「ゴンドワナ大陸」という1つの大きな大陸だった時代のものだと考えられています。長い年月をかけて、熱や圧力による作用を受けて、もとの岩石とはことなる性質になった変成岩（p.37）からできています。

18

## ジルコンで年代解明 [5巻]

カンブリア紀の地層の年代は、日立鉱山から採掘された銅鉱石を調べたことでわかりました。銅鉱石の中にふくまれるジルコンという鉱物には、ウランなどの放射性元素がふくまれています。物質が放射線を出しながらほかの鉱物に変化する時間で年代をはかる放射年代測定（p.17）で、測定したのです。

### ジルコン
日本最古の地層にもふくまれているジルコン。日本最古の鉱物も、25億年前つくられたジルコンだ。

画像：益富地学会館

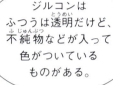

ジルコンはふつうは透明だけど、不純物などが入って色がついているものがある。

コラム

### 世界最古の地層は？

現在確認されている世界最古の地層は、グリーンランドのイスアという場所で発見された。およそ38億年前のもので、地球に生命が誕生したと考えられる時期と同時期のものだ。イスアには、38億年前の岩石が広い地域に分布していて、その中に堆積物が固まった堆積岩の地層もまざっている。

世界最古のイスアの地層。

## 地質年代表 [6巻]

地球の歴史を年代で区切ったもの。

この地質年代表は、世界各国の専門家が話しあってまとめた「国際年代層序表」（2023年9月改訂版）にもとづいている。

1章 地球の過去が見える「地層」

# 千葉が世界に！「チバニアン」

地質年代は、化石や地層などの移りかわりにより境界が決められている。
2020年、千葉県の地層が境界の基準としてみとめられ、「チバニアン」という年代が誕生した。

AREA 千葉セクション（千葉県）

チバニアン
カラブリアン

こんなにくっきり境界が分かれているんだね！

千葉セクションは、深さ500〜1000mの深い海の底で堆積したものが隆起してすがたをあらわした泥の地層だ。

## チバニアンの決め手になった地層

千葉県にある、一見すると地味な地層。ここが世界共通の年代の基準となった。

● 年代の境界

地層を横切る線状のへこみから上がチバニアン、下が前の年代のカラブリアン。

● 地質年代のなかのチバニアンの位置

| 約12万9000年前 | | 77万4000年前 | | 6600万年前 | | 46億年前 |

現在 | 完新世 | 後期 チバニアン | カラブリアン | ジェラシアン | 新第三紀 | 古第三紀 | 白亜紀 | ジュラ紀 | 三畳紀 | 古生代 | 地球誕生 先カンブリア時代

更新世
第四紀
新生代　　中生代

地質年代表の中期更新世が、チバニアンという名前になった。

## 空白の時代についたチバニアンの名前

千葉県市原市の養老川ぞいでは、千葉セクションという地層が見られます。この地層が、77万4000年〜12万9000年前までの中期更新世の始まりのころの特徴を世界でもっともよく記録していることから、地質年代のひとつとして国際的にみとめられ、チバニアン（千葉時代）という時代名がつきました。ちなみにチバニアンの時代に現在の人類も誕生していて、地球の長い歴史で見ると、ごく最近の年代になります。

　チバニアンの名前が決まるまで、その年代には名前がついていませんでした。チバニアンの次の年代の中期更新世は、まだ名前がついていません。今度はどこの地域が基準になるのでしょうか。

## インタビュー

### 地味だけどすごい地層！

● 岡田誠さん（茨城大学理学部教授）

写真：筑波大学

専門は古地磁気学、古海洋学、野外地質学。チバニアン決定を導いた研究チームの代表をつとめた。過去の地磁気逆転や気候変動を解明する研究をおこなう。

● 地磁気の逆転

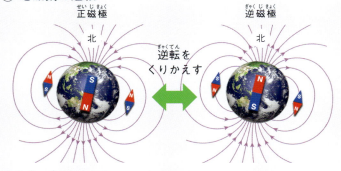

地磁気の逆転は過去何度も起こっている。チバニアンの決め手となった地磁気の逆転が一番最後に起こった逆転で、それ以降はまだ起こっていない。

● なぜ地磁気逆転がわかるの？

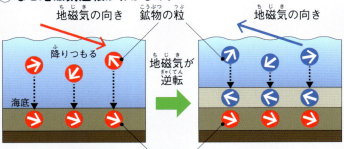

堆積した向きにそって固まるので、地磁気が地層に記録される

千葉セクションには、地磁気が記録されている酸化鉄などの鉱物の粒がたくさんふくまれている。地層にきざまれた鉱物の磁気の記録から、当時の地磁気の向きがわかった。

## チバニアンはどうしてすごいの？

年代の基準となる地層には、その年代の情報がもっともよくわかる地層が求められます。それには、なるべく堆積物がとぎれずに積もっていることが重要です。千葉セクションの高さ5mほどのがけの地層は、一見するとのっぺりとして地味ですが、中期更新世の堆積物がとぎれずに堆積しています。その当時の、おだやかな時期も大きな変化があった時期も堆積物が積もり、まんべんなく情報が記録されているのです。

また、チバニアンの始まりは、現在とよく似た気候だと考えられています。地球の気候や環境を研究するための手がかりとしても注目されています。

## 千葉セクションに残る地磁気逆転の記録

千葉セクションのもうひとつの特徴は、地磁気逆転（p.17）の記録が残っていることです。この点が、チバニアンの決め手となりました。地磁気は、長い年月のあいだに何度もN極とS極が入れかわっています。この変化は、地球上のどこにいても同時に起こります。チバニアンの始まりに地磁気の逆転が起こり、千葉セクションはその記録がよく残されていたのです。

千葉セクションの地層は、明治時代から知られていて調査されていました。そして地磁気での調査が広まった1960年代以降になってさらに研究が進み、チバニアンの決定につながっていったのです。

## 地質学は地球の謎を読みとくアイテム

地質学は、長期的な地球の変化を研究できる唯一の学問です。人類が経験したことのない過去の時間や歴史、できごとを調べ、人が生きるこの地球の成り立ちを知ることができます。みなさんも、ぜひ地質学を学び、地球の謎にチャレンジしてください。

出典：サイエンスポータル「サイエンスウィンドウ 地層に刻まれた声を聴け」チバニアン決定、実ったグループの格闘《特集 令和2年版科学技術白書》をもとに作成

2章 地層はどうやってできたのか？

# なぜ地層は ふしぎなすがたなのか？

地面にうねうねとした曲線があり、さらにしまもようもあるふしぎな風景。大地は、なぜ、このようなすがたになるのだろう？

## さまざまな地球の歴史がつくる地層

ここは、海から遠くはなれた栃木県を流れる川の中流。この川原は、白っぽい色と黒っぽい色のしまもようから「虎岩」とよばれています。黒っぽい部分は細かい泥が固まった泥岩の層、オレンジ色の部分は深海にいた放散虫（p.33）などの死がいが固まったチャートの層。虎岩は泥と生き物がつくった地層です。深海底で泥と生き物が積もったのも、それがおしあげられて陸になったのも恐竜がいたころのこと。

ほかにも、水がつくった地層（p.24）や、火山がつくった地層（p.28）などもあります。いろいろな地層を見てみましょう！

● 大芦川（栃木県）の「虎岩」
川原のもようからこの名がついた。このすがたをつくったのは海の小さな生き物たちだ。

2章 地層はどうやってできたのか？

水がつくった日南海岸（宮崎県）の「鬼の洗濯板」。かたい砂の層とやわらかい泥の層が重なり、海の波がやわらかい泥の層をより多くけずってでこぼこになった。

マグマがつくった「芥屋の大門」（福岡県）。およそ320万年前に地下から噴出したマグマが冷えて、固まるときに五角形や六角形の柱状に割れて生まれた。

どれも、ふしぎな地層だね。行って見てみたい！

23

# 水がつくる地層

雨が降って川になり、海まで流れる。その水の力で砂や泥が運ばれ、地層ができる。
かたい岩をけずって大きくすがたをかえる場所もある。

## 川の三作用、侵食、運搬、堆積 水

山から海まで流れる川の水。水は、大地をけずり、
岩や砂を運び、下流に積もらせる。

**堆積**
川の下流では、流れはゆるやかになり、
れきや砂、泥が積もる。

**侵食**
山の上流では、水は急な
斜面を勢いよく流れ、大
地をけずる。

**運搬**
川の中流では大きかった
石は割れ、だんだん小さ
な石「れき」や砂になる。
川は、れきや砂を運ぶ。

れき　砂　泥

下流まで運ばれたれきや砂などは、細かいものほど遠くまで運
ばれるので、海では、海岸から近い順にれき、砂、泥が積もる。

## 流れる水が大地をかえる

四万十川（高知県）を上流から下り、
川の流れとまわりの岩やれき、砂や泥の変化を見てみよう！

1 上流では川は山を侵食し、岩石
どうしがぶつかって割れる。岩
石は大きくて角がとがっている。

2 上流から少し川を下ると、岩石
はたがいにぶつかって角が取れ、
丸いれきになって運搬される。

3 中流では、れきはさらに細かく
なり、やわらかいれきは砂や泥
になって堆積する。

4 天候にもよるが、下流では川の
流れはゆるやかになり、より細
かくなった砂や泥が堆積する。

## 水が大地のすがたをかえつづける

大地の地層は、つねに変化しています。その変化の要因のひとつが水です。海や湖、川などから蒸発した水や、木の葉から蒸発した水は、雲となり、やがて雨となって大地に降りそそぎます。山に降った雨は、大地をけずり、岩や砂を運び、積もらせます。こうして、大地は変化し、新しい地層が生まれていくのです。また、海の水は波として大地に打ちよせ、そのすがたをかえつづけています。

2章 地層はどうやってできたのか？

## 高い岩山をけずる水

山に降った雨は、長い時間をかけて、かたい山の岩をけずりながら流れる。

AREA 城ヶ倉渓谷（青森県）

水が、かたい岩をけずり深い谷をつくった城ヶ倉渓谷。

写真：竹下光士

水はかたい岩をけずる力もあるんだね！

### コラム

**プレートの動きによってはぎとられくっつく「付加体」** 1巻

地球の表面は、十数枚ものプレートに分かれて、つねに動いている。そして、日本列島では２つの海洋プレートが大陸プレートにぶつかって沈みこんでいる。ぶつかっている所では、沈みこむ地層の一部が陸側の地層にはぎとられて陸の底に重なっていく。それを「付加体」という。

● 日本列島周辺のプレート

ユーラシアプレート
北米プレート
太平洋プレート
フィリピン海プレート

海溝（下の図）に1番近い火山を結んだ線「火山フロント」

日本列島は、海洋プレートがつくった付加体が海へと成長してできたため、国土の大半が付加体でできている。

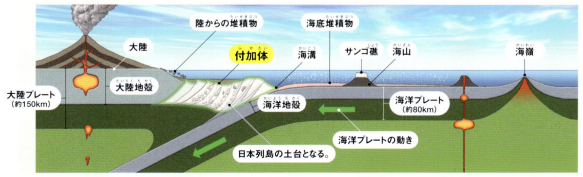

陸からの堆積物　海底堆積物
大陸　付加体　海溝　サンゴ礁　海山　海嶺
大陸プレート（約150km）　大陸地殻　海洋地殻　海洋プレート（約80km）
日本列島の土台となる。　海洋プレートの動き

大地って、今も動きつづけているんだね！

ふつうの地層は新しい地層が下から上へ重なる（p.10）が、付加体は新しい地層が下に加わっていく。

25

# 風がつくる地層

風は、地球を包む大気の流れ。ものを運んだり、けずったりするはたらきがある。
風によって、どんな地層ができるのだろう？

今も強い風がふくことがあり、新たな変化を生んでいる。
写真:山陰海岸国立公園鳥取砂丘ビジターセンター

**AREA 鳥取砂丘（鳥取県）**

## 風で変化しつづける地層

砂丘は、風の作用で運ばれた砂が長い時間をかけて積みかさなったもの。
風の力によって、たえずそのすがたをかえつづけている。

写真:山陰海岸国立公園鳥取砂丘ビジターセンター

### 巨大な砂丘が生まれた理由

鳥取砂丘は14～15万年という長い時間をかけて自然がつくりだした、日本最大規模の砂丘のひとつです。中国山地から日本海に注ぐ千代川が運んだ大量の砂をもとに生まれました。海に流れた砂が波で陸にもどされ、さらに風によってかわかされ、内陸に運ばれたのです。砂丘は、今もたえずすがたをかえつづけています。

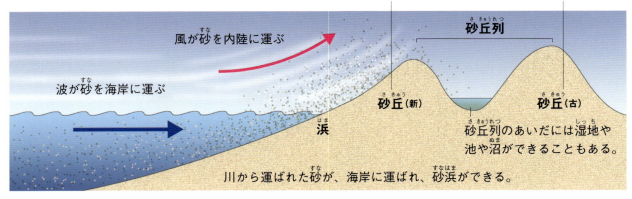

● **砂丘のでき方**
鳥取砂丘の場合は、山から海に流れる千代川が運んだ砂を、海からの風が運んでできた。鳥取砂丘には、海側から第一、第二、第三と3つの砂丘列がある。

# 鳥取砂丘にうまる火山灰の地層

鳥取砂丘の地層には、砂ではなく茶色い土が見える場所がある。
それは、火山灰が積もった層だ。

写真：山陰海岸国立公園鳥取砂丘ビジターセンター

**新砂丘**
最後に砂が重なった砂丘の層。

**火山灰層**
鳥取県西部の大山の火山灰など、数種類の火山灰が積もっている層。

**古砂丘**
10万年以上前の、古い砂が積もった古砂丘の層。

さまざまな地層が見えることから、ここがずっと砂丘だったわけではなかったという、鳥取砂丘の長い歴史がわかる。

## コラム
### 砂丘と砂漠のちがい

砂漠は、ほとんど雨が降らず、とても乾燥していてほとんど生き物がいない場所。いっぽう、砂丘は、雨も降り植物も動物もいる。風によって次つぎと砂が運ばれている場所で、砂漠のように乾燥しているわけではない。

モロッコのサハラ砂漠。ほとんど動物もいなくて植物もない。深く掘っても砂の層しか出てこない。

> ホントだ！砂漠には何も生きものがいないね。

> 鳥取砂丘には、花もさくし、スナガニなどの動物もいるよ。

2章　地層はどうやってできたのか？

# 遠くの火山からの火山灰も届く

鳥取砂丘の下の「火山灰層」には、直線距離で約65kmもはなれた大山が噴火したときの火山灰もあることがわかった。

大山

鳥取砂丘からは、天気のよい日には大山が見える。大山が噴火したのは約5万9000年～5万5000年前。大山の火山灰層があることで、砂丘の過去の歴史もわかる。

27

# 火山がつくる地層

大地の下にあるマグマが地上に噴出して火山が生まれる。
火山の活動によって、どんな地層ができるのだろう？ 1巻 2巻

AREA
地層大切断面
（東京都）

## 火山の噴出物がつくる地層大切断面

1953年、伊豆大島で道路工事のため山をけずった際にあらわれた地層。火山噴出による堆積物のちがいによって、しまもようができている。

日本には、111もの活火山＊があるんだよ！

写真：竹下光士

伊豆大島は数万年前から活動を続ける火山島。数百年に一度起こる噴火のたびに火山弾や火山灰、火山灰が風化した風化火山灰が重なり、地層はしまもようになっている。

＊「活火山」とは、およそ1万年以内に噴火した火山や、現在活発な噴気活動のある火山のこと。

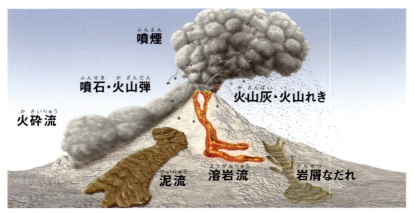

● 火山から噴出するもの

火山が噴火すると、火山噴出物とよばれる噴石や火山弾、火山灰や火山れき、火砕流など、いろいろなものが噴出する。

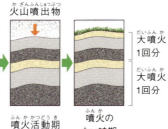

## 今も噴火を続ける火山

阿蘇山（熊本県）は、現在も噴火を続けている。
ここ中岳第1火口からは、
水蒸気がふきだしている。

AREA
阿蘇山
（熊本県）

中岳では、約5000年前には溶岩の流出、約1500年前には大きな噴火があったと考えられている。

## 地下のマグマがつくる地層

地球の内部では熱いマントルがつねに動き、表面にある何枚ものプレートを動かしている（p.25）だけでなく、ときには、マグマとなって地表にふきだすことがあります。そうして生まれるのが火山です。また、火山灰が積もった地層、噴火でふきだしたマグマがつくる地層もあります。

2章 地層はどうやってできたのか？

AREA
知夫里島（島根県）

### ふきだしたマグマがつくる

知夫里島（島根県）の赤壁は、ふきだした溶岩の中の鉄分が空気にふれて赤くなったもの。

隠岐諸島にある知夫里島は、かつては巨大な火山の一部だった。赤い部分は溶岩の中の鉄分が酸化したもの。白っぽい部分はマグマが、あとからたてに割りこんだ部分。

写真:竹下光士

コラム

### 火山灰などが積もった「ローム層」が記録する「時間」

関東地方をおおう大地は「関東ローム層」といい、箱根火山や富士山から噴出した火山灰などが堆積し、風化してできたもので「赤土」ともよばれている。箱根火山は約40万年前に生まれ、芦ノ湖や大涌谷を生んだ火山だ。

砂や泥などの層からは、それが積もった年代をはっきりと知ることはむずかしい。ところが、火山灰は、1回の噴火で短時間に広い範囲に同時に降りつもるので、その地層がいつできたものかを知るカギになる。このことから火山灰層は「鍵層」とよばれている。

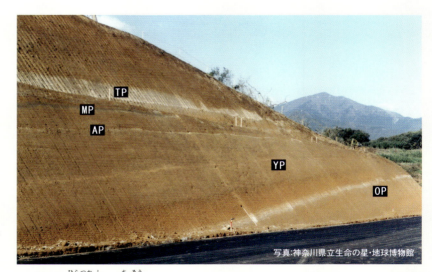

写真:神奈川県立生命の星・地球博物館

神奈川県平塚市の地層。OPが約8万5000年前、TPが約6万6000年前の地層。箱根火山から噴出した火山灰などが堆積した地層から、はっきりとその年代を知ることができる。

29

# 海底火山がつくる地層

火山は海底にもある。その海底火山の噴火によってできた地層が隆起して、海面上にあらわれると、どんな地層ができるのだろう？

AREA
恵比須島（静岡県）

## 美しいしまもよう

恵比須島（静岡県）の海岸には、海底火山が生んだしまもようがある。

写真：竹下光士

海底火山の火山灰や軽石がしまもようとなって美しいすがたを見せている。

### ● 海底火山の噴火

海底火山は、深い場所にある場合は大きな水圧がかかるため、爆発的な噴火が起きないこともあるが、浅い場所の場合はマグマが海水にふれて、猛烈な爆発「マグマ水蒸気爆発」を起こすこともある。陸地から遠い場所にあることが多いので、なかなか見つからないが、海面の色がかわったり軽石が飛んだりして見つかることがある。

写真：海上保安庁

1973年4月に海水の変色などが確認され、9月に海底からの噴火が確認された海底火山。その後、大量の溶岩が噴出してすがたをあらわし、12月には「西之島新島」と命名された。

## 太古の海底火山のなごり

日本列島の多くの部分は、大陸からはなれて生まれましたが、伊豆半島は南の海から北上した地塊（周囲からはなれた地殻の一部）が日本列島にぶつかって生まれました。そのプレートには、海底火山があり、そこからふきだした火山灰や軽石が日本列島にぶつかって隆起して地上にあらわれました。

伊豆半島にある恵比須島や堂ヶ島（p.31）などでは、かつては海底にあった地層が北上して日本列島にぶつかり、隆起したがけを見ることができます。

## しまもようの正体は?

堂ヶ島（静岡県）の海岸のしまもよう。これは、海底火山からふきだした火山灰と軽石が海底に堆積してつくられたものだ。

AREA
**堂ヶ島**
（静岡県）

海岸のがけには、波がけずって生まれた洞くつもある。

## 400万年前の海底火山は今

仏ヶ浦（青森県）は、約400万年も前の海底火山が隆起して生まれた。右は「如来の首」とよばれる岩。

AREA
**仏ヶ浦**
（青森県）

2章 地層はどうやってできたのか？

わ！ふしぎな形の岩！

この岩はおもに火山灰がおし固められた凝灰岩。凝灰岩はもろいので、雨や風などの侵食によって、日々そのすがたをかえている。

---

### コラム
### 地球に酸素が生まれた証拠 くらし 6巻

私たち動物は酸素なしでは生きられない。その酸素を先カンブリア時代（p.19）の地球にもたらしたのは、海の微生物、シアノバクテリア。シアノバクテリアが生んだ酸素が海中の鉄と反応して酸化鉄となって海底にたまり地層となった。

ここはオーストラリアの北西部にある「ハマースレイ縞状鉄鉱層」という地層。赤みの強い部分は酸化した鉄の層だ。現在、世界じゅうの鉄鉱石のほとんどは、こうした縞状鉄鉱層から採掘されている。

写真：倉敷市立自然史博物館

縞状鉄鉱層の鉄鉱石。赤い部分が酸化した鉄の層だ。

● **シアノバクテリア**
光合成をおこなう細菌の一種。約25億年前から現在も生息している。

# 生き物がつくる地層

大地に積みかさなっていくのは、砂や泥、石やマグマだけではない。
生き物の死がいも堆積物になる。生き物からどんな地層ができるのだろう？

小さな生き物がつくった巨大な地層だよ！

## 大昔の生き物の死がいがつくる

秋吉台（山口県）は、大昔のサンゴなどの死がいからできた石灰岩からなる台地だ。

AREA
秋吉台（山口県）

地上にできるカルスト台地。白っぽい岩に見えるのが、もともとサンゴ礁だった石灰岩。そこに土が積もり、草がはえた。

## サンゴなどがつくった「カルスト台地」や「鍾乳洞」 4巻

　サンゴ礁を見たことがありますか？　サンゴは植物のように見えますがクラゲなどと同じなかまの動物。そのサンゴなどが集まったサンゴ礁がフズリナ（p.33）などとともに長い時間をかけて石灰岩の層をつくり、それが隆起して雨などで侵食され、何億年もかけて「カルスト台地*」や「鍾乳洞」などができるのです。

*地表に出た石灰岩が、雨水によってとかされてできた地形。

● 鍾乳洞　　　● 百枚皿

カルスト台地の地下には、石灰岩がとけてできた洞くつ「鍾乳洞」や、鍾乳石が池のような形になった「百枚皿」とよばれる地形が生まれる。

## カルスト台地ができるまで

1 約3億5000万年前、南の海でサンゴ礁が生まれ、やがて死んで石灰岩という岩石になり次つぎと重なっていった。

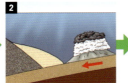
2 石灰岩をのせた海洋プレートは大陸プレートにぶつかる。このとき石灰岩がはぎとられ付加体（p.25）になっていく。

3 海洋プレートは動きつづけ、サンゴ礁は次つぎと陸にぶつかってはぎとられ、石灰岩の層は重なって厚くなっていく。

4 日本列島が少しずつできていったころ（p.43）、石灰岩の地層は海底から地上におしあげられ、陸地になっていった。

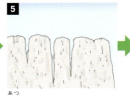
5 厚さ500mほどあったといわれる石灰岩の台地は、雨水などで侵食されて低くなり、けずられ、すがたをかえていった。

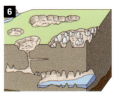
6 やがて石灰岩の林立するカレンフェルトや、くぼ地（ドリーネ・ウバーレ・ポリエ）、地下には鍾乳洞もできた。

# 小さな生き物がつくった地層「チャート」 4巻 6巻

チャートは殻をもつプランクトンの死がいが堆積してかたまった地層。
チャートを構成する生き物を調べると、その地層の時代がわかる！

写真:Web版岐阜県地質図『ジオランドぎふ』から引用

岐阜県各務原市の木曽川ぞいに露出するチャート。ここにふくまれている放散虫などの死がいによって、ペルム紀〜ジュラ紀（p.19）の地層だとわかった。

### ● 古生代後半に大繁栄した「フズリナ」

フズリナは、古生代（p.19）後半に生息した生き物。時代ごとに殻の形がかわるので、その地層がどの時代のものかを知ることができる。

フズリナの化石。
大きさは1cm前後。
写真:富山市科学博物館

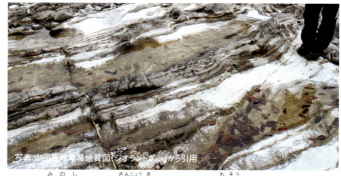

写真:Web版岐阜県地質図『ジオランドぎふ』から引用

岐阜県美濃市にある三畳紀（p.19）の地層。黒っぽい部分が放散虫をふくむチャートの層。そのあいだに白っぽい石灰岩の層がはさまって、しまもようになっている。

### ● 時代判定に革命を起こした「放散虫」
写真:名古屋大学博物館

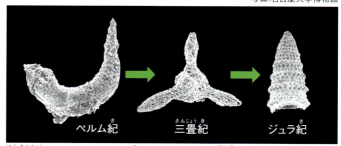

放散虫は、カンブリア紀（p.19）から現在まで、海中に生息している単細胞生物。0.1〜0.2mmほどの骨格をもつ。上の写真のように、時代によりその骨格の形が変化することから、地層にふくまれる放散虫の形によって、その地層の年代がわかるようになり、「放散虫革命」ともいわれている。

## 2章 地層はどうやってできたのか？

### コラム
## 生き物の死がい由来の「石油」から考える地球の未来

石油は、明かりや暖房、ガソリンだけでなく、プラスチックや塗料の原料など、さまざまに利用されている。その石油は、大昔の生き物の死がいから生まれる。石油はとても便利なものだが、いずれなくなるし、使いすぎによる温暖化の問題もある。これからの人類の大きな課題だ。

### ● 増加しつづける二酸化炭素濃度
（「いぶき」による世界のCO₂濃度分布観測結果）

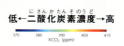
低←二酸化炭素濃度→高

2009年　2012年　2015年
出典:環境省ホームページ https://www.env.go.jp/policy/hakusyo/h28/html/hj1601010204.html

今、地球温暖化が問題になっている。その大きな原因が石油などの化石燃料の使用による二酸化炭素（$CO_2$）の増加だ。上図は、2009年〜2015年の$CO_2$濃度の変化。急増していることがわかる。

### ● 石油ができるまで

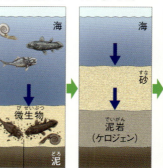

イラスト:石油情報センター参照

海や湖に生息する動物が死んで「ケロジェン」とよばれる物質になる。ケロジェンは、地熱と土の圧力で水と油とガスに分かれ、石油ができると考えられている。

33

# 3章 形をかえる地層

## 地層のすがたをかえるものは？

地層は、ふつう横方向のしま もようになるのに、この地層は、たて方向のしま もようになっている。なぜだろう？

● 室戸岬（高知県）
海洋プレートが大陸プレートの下にもぐりこみ、堆積していた地層がはがされ、さらにたびたび巨大地震が起きてこのようなすがたになった。

## すがたをかえたさまざまな地層

3章 形をかえる地層

ここは、日本でもっとも新しい地層のひとつ。約1600万年前に深海にたまった砂や泥が、層になって固まったものです。海洋プレート（p.25）が毎年約4cmずつ動いて大陸プレートの下に沈みこんだときにできた「タービダイト」という地層です。

さらに、地層には、マグマの熱で変化した地層（p.36）や、巨大地震によってできた「断層」（p.40）などもあります。活発な大地の動きがこれらの地層を生んでいることがわかり、日本列島の成り立ち（p.43）を知る手がかりになるのです。

さまざまな地層を見てみましょう！

すごく強い力が加わったことがわかるね！

# 熱で変化した地層

大地の奥深くにあるマグマの熱などで変化した地層がある。
地層の種類、熱の温度によっても、その変化はちがう。

すごい断崖絶壁！しましまだね！

AREA
須佐
（山口県）

## マグマの熱が生んだ
## ホルンフェルスの地層 4巻

写真：竹下光士

ここは須佐（山口県）の海岸。長い年月をかけて、黒と白のしまもようになった断崖がある。これは、「ホルンフェルス」とよばれる岩石（変成岩）でできた地層で、「畳岩」ともよばれる。

須佐ホルンフェルスのがけは、高さが12mもある。断崖の下を歩いて間近で見ることができる。

## マグマの熱で変化する

ホルンフェルスは、石灰岩（p.32）やチャート（p.33）以外の岩石がマグマの熱で変化した岩石。須佐ホルンフェルスは、砂岩と泥岩が交互に重なった海底の地層にマグマが入り、その熱で変質し、かたくなりました。白っぽい部分は砂岩、黒っぽい部分は泥岩だった部分です。

ホルンフェルスでは、「桜石」という石ができることがあります。桜石は、泥岩がマグマの熱を受けてできた「菫青石」という鉱物が変質し、サクラの花びらのように見えるものです。

● 須佐ホルンフェルスのでき方

砂岩や泥岩などの地層にマグマが入り、その熱で変化してホルンフェルスになった。

● 桜石

渡良瀬川（群馬県）の川原で見つかった「桜石」。白い花びらのようなもようがあることからその名がついた。渡良瀬川上流にも、ホルンフェルスの地層があり、そこで生まれたものと考えられる。

# 「大理石」もマグマの熱と圧力で生まれた 4巻

大昔から、世界各地で彫刻や宮殿などに利用されてきた大理石は、石灰岩がマグマの熱で変化したものだ。

AREA
三陸海岸（宮城県）

三陸海岸（宮城県）の「大理石海岸」。ここの大理石は、約2億6000万年前の石灰岩の層に、およそ1億2000万年前（前期白亜紀）にマグマから生まれた熱い花崗岩が入り、その熱で生まれたと考えられている。大理石は「結晶質石灰岩」という岩石につけられた石材としての名。

### ● 古代から利用されきた大理石　歴史

東京国立博物館（東京都）の大理石の階段。大理石は白くつやがあり、けずるのにほどよいかたさで、なめらかなので、古くから彫刻や、宮殿や寺院の建築などに利用されてきた。世界では、イタリアやトルコ、中国などで多く産出し、古来、各地で利用されている。大理石の「大理」は、中国雲南省の地名。

3章　形をかえる地層

## コラム

### 変成岩ができる場所　1巻 4巻

熱や圧力などを受けて別の岩石にかわった岩石を「変成岩」という。高温のマグマに接触したものを「接触変成岩」、広い範囲で熱や圧力を受けたものを「広域変成岩」という。ホルンフェルス（p.36）は接触変成岩のひとつだ。

### ● さまざまな変成岩ができる場所

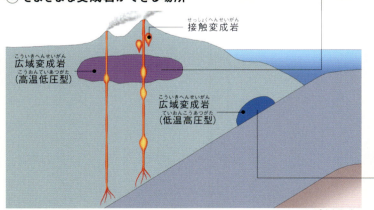

「広域変成岩」には、マグマに近くて浅い場所にある「高温低圧型変成岩」と、海洋プレートに近くて深い場所にある「低温高圧型変成岩」がある。

### ● 泥質の高温低圧型変成岩

山口県上関町の泥質片麻岩。中央構造線（p.42）の北側にそって分布する「領家帯」とよばれる地質の一部。マグマに近くそれほど深くない「高温低圧型」の変成を受けた変成岩と考えられている。

写真：大鹿村中央構造線博物館

### ● うすくはがれやすい低温高圧型変成岩

埼玉県長瀞町の、うすくはがれやすい結晶片岩。中央構造線（p.42）の南側に接する「三波川帯」とよばれる地質の一部。「低温高圧型」の低温で強い圧力を受けた変成岩と考えられている。

写真：大鹿村中央構造線博物館

37

# 波状に曲げられた地層

プレートの動く力によって形をかえられた地層もある。
力の方向や岩石の種類によってさまざまにすがたをかえる。

すごい曲線！
どんな力が
加わったんだろう？

AREA
嘉陽層
（沖縄県）

## 「褶曲」する地層 1巻

地層は、プレートの動きによって曲がることがある。
これを「褶曲」という。

名護市（沖縄県）の「嘉陽層」の褶曲。この地層は、海底に積もった砂岩と泥岩が交互に重なった地層が、海洋プレートの沈みこみによって曲げられ、大陸プレートにはぎとられて生まれた。

## すがたをかえつづける地層

　大地はつねに動きつづけています。
　大地をつくる「地殻」は、地球をゆで卵にたとえるとその殻のようにうすい部分で、地殻の下には卵の白身にあたるマントルがあります。マントルの最上部と地殻をあわせてプレートとよび、プレートはゆっくり動いています。長い時間をかけてプレートどうしが衝突したり沈みこんだりすることによって、プレート上の地層の形がかわることがあります。褶曲はそのような現象のひとつです。

● 「褶曲」の起こり方　　　　　　　［← おす力］

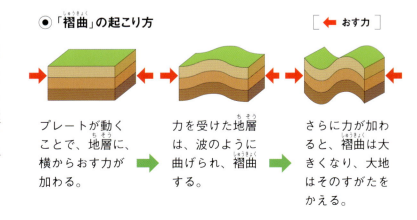

プレートが動くことで、地層に、横からおす力が加わる。 → 力を受けた地層は、波のように曲げられ、褶曲する。 → さらに力が加わると、褶曲は大きくなり、大地はそのすがたをかえる。

# 「大褶曲」が見られる地層

この地層は、約1200万年前に深海に積もった地層が隆起し、約300万年前からプレートにおされて大きく曲げられた地層だ。

写真:坂垣直俊

**AREA 宮沢林道の大褶曲（秋田県）**
幅約20mの大褶曲が見られる露頭。ダイナミックなプレートの動きが感じられる。

3章 形をかえる地層

# 上下が逆さまになる「フェニックス褶曲」

「フェニックス褶曲」は、海洋プレートが大陸プレートにおしつけられ、起こったものと考えられている。

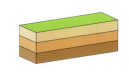

**AREA 吉野熊野国立公園（和歌山県）**

こんなに逆さまになった褶曲もあるんだよ！

写真:高木秀雄

吉野熊野国立公園（和歌山県）のフェニックス褶曲。地層が固まりきる前に褶曲したと考えられている。褶曲のわかりやすい地層として注目されている。

● 「フェニックス褶曲」の起こり方

海洋プレートに堆積物が順に積もり、水平な地層ができる。

海洋プレートが陸にぶつかって沈みこむとき、おし曲げられて褶曲する。

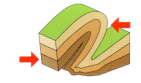

プレートに、さらに力が加わって一部が横倒しになり、地層が部分的に上下逆さまになった。

# ずれた地層「断層」

地層は、プレートの動きによってひずみ、一部がこわれて大きくずれることもある。「断層」という。実際の断層を見てみよう！

重なった層の色のちがいで、ずれたことがはっきりわかるね！

## いろいろな断層

加わる力の向きによって地層のずれ方がかわり、「正断層」「逆断層」「横ずれ断層」などになる。

AREA
城ヶ島（神奈川県）

← おす力
← 引く力
← ずれる動き

### 正断層

断層の上になっていた部分が下にずれるもの。地殻が引きのばされたときに起こる。

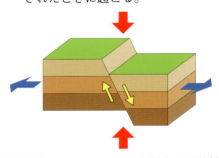

三浦半島（神奈川県）の城ヶ島の正断層。城ヶ島では、地層の重なりがはっきり見える場所が多く、正断層だけでなく逆断層、褶曲（p.38）などさまざまな地層の変形を見ることができる。

AREA
野島断層（兵庫県）

### 逆断層

断層の上になっていた部分が上にずれるもの。地殻が圧縮されたときに起こる。

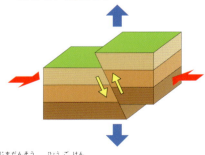

野島断層（兵庫県）は、横ずれ成分をもった逆断層。1995年1月17日に起きた兵庫県南部地震（阪神・淡路大震災）の震源となった断層だ。ここ淡路島の「野島断層保存館」には、その断層が保存されている。

40

写真：東京大学地震研究所

## 横ずれ断層

断層が水平にずれるもの。断層面に対してななめ横から力が加わったときに起こる。断層面に対して相手のブロックが右にずれるものを「右横ずれ断層」、左に動くものを「左横ずれ断層」という。

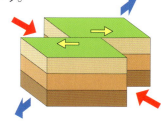

2016年4月14日に起きた熊本地震（熊本県）による横ずれ断層。南阿蘇村立野の道路のようす。道路が約70cmも大きく横にずれている。

3章　形をかえる地層

## 地震を生む「活断層」

活断層とは、断層のうち、最新の地質時代である第四紀後期（p.19）に活動をくりかえしていて、これからも活動する可能性のあるもののこと。ずれることで地震を引きおこします。

日本は、2000以上もの活断層が確認されています。また、プレートの沈みこみで発生する地震もふくめ、日本で発生する地震は、世界の地震の約10分の1を占めているともいわれています。

## なぜ地震を生むのか

海洋プレートが大陸プレートの下にもぐりこみ、そこでひずみがたまる。それが限界に達すると地層に亀裂が入ったり大きくずれ動いたりする。これが地震だ。

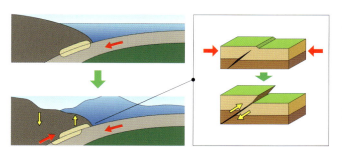

海洋プレートは年に数cmという速さで、動きつづけている。大陸プレートは、その力を受けつづけている。

それが限界に達し岩盤がずれると地震が起きる。プレートがぶつかっている日本列島（p.25）は地震が多い。

### コラム

## マグマが地層に割って入った「貫入」

貫入とは、すでにあった岩石に割れ目やすき間ができ、そのすき間にマグマが入って固まること。

写真は長野県の横川渓谷にある地層。この石は「蛇石」とよばれ、たしかにヘビのようにうねうねと横たわっている。これは、黒っぽい「泥岩」のすき間に地下のマグマが貫入して、赤茶色の「閃緑岩」となり、さらにそこにできた亀裂に、白い「石英」が入ってしましまのヘビのようなもようになった。

写真：竹下光士

貫入によって生まれた「蛇石」。近くに平行して2本あり、大きいものは87m、小さいものは17mの長さがある。地元には、この蛇石から生まれた親子の大蛇の民話が残っている。

41

# 巨大な断層「構造線」

断層のなかでも、となりあう地質がはっきりとちがう大規模な境界線を「構造線」という。日本にはたくさんの構造線がある。おもなものを紹介しよう。

おもなものだけで、いっぱいあるんだね！

## たくさんの構造線

構造線は、長い歴史のなかで、プレートの動きや内部のマグマの力などによって生まれ、「断層」「外縁帯」などとよばれているものもある。そのなかには「活断層」(p.41)もある。

地図中の名称：
- 日高主衝上断層
- 棚倉構造線
- 飛騨外縁帯
- 長門構造帯
- 中央構造線
- 仏像構造線
- 糸魚川-静岡構造線
- 畑川構造線

● **糸魚川-静岡構造線の東北日本と南西日本の境目部分が見える場所**

ここは新潟県糸魚川市にある「フォッサマグナパーク」。糸魚川-静岡構造線の北にあたり、東北日本と西南日本の境目を見ることができる。

● **中央構造線の内帯（領家帯）と外帯（三波川帯）の境目が見える場所**

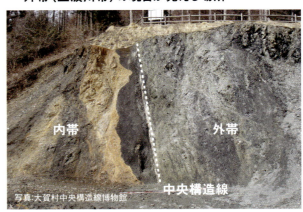

写真：大鹿村中央構造線博物館

ここは中央構造線のほぼ真上。長野県大鹿村の中央構造線北側露頭。中央構造線は、日本がまだアジア大陸の一部だったころ（p.43）に生まれ、たびたびさまざまな方向に動き、これからも動く可能性がある。

## 日本を分断する「中央構造線」と「糸魚川-静岡構造線」

　日本でとくに大きな構造線は、関東地方から九州までのびて日本を南北に分ける「中央構造線」と、日本を東西にたてに分ける「糸魚川-静岡構造線」です。
　地質学では、中央構造線の北側を「内帯」、南側を「外帯」とよび、糸魚川-静岡構造線の西側を「西南日本」、東側を「東北日本」とよんでいます。
　このほかにもたくさんの構造線があります。

# 日本列島はこうしてできた！

南北に細長い日本列島は、関東地方あたりで少し曲がっている。
なぜか？　そこには、日本列島誕生のひみつがかくされている。

| | | |
|---|---|---|
| 約7000万年前 |  | 地球にまだ恐竜がいたころ。将来日本列島になる部分は、アジア大陸の東の端の一部だった（オレンジ色の線は、現在のアジア大陸東部と日本列島のもとになった部分）。 |
| 約2500万年前 |  | 恐竜は絶滅し、私たちほ乳類の祖先が、小さなネズミくらいの生き物から、さまざまなすがたの動物に進化していたころ、日本列島は大陸から少しずつはなれはじめた。 |
| 約1900万年前 |  | 日本列島のもとになった大地は、さらに大陸からはなれ、日本海ができはじめ、広がっていった。その原因は、海洋プレートの沈みこみに関係があることはたしかでいろいろな説があるが、まだくわしいことは謎に包まれている。 |
| 約1500万年前 |  | ヒトの祖先がまだサルのようなすがただったころ。東北日本は反時計回りに、西南日本は時計回りに回転し、日本海が広がりその割れ目はフォッサマグナのもとの部分になり、日本海の拡大は終わった。 |
| 現在 |  | フォッサマグナの部分は、海底火山からの火山岩や海底に積もった地層でうまり、さらに南からはフィリピン海プレート（p.25）が北上して衝突し、しだいに現在の形になった。そして今もプレートは動きつづけている。 |

# 日本の巨大な溝「フォッサマグナ」とは

大地は動き続けているんだね！

フォッサマグナは「巨大な溝」という意味。
日本が大陸からはなれるとき（左の図）にできた裂け目、巨大な溝と考えられている。

**横から見たフォッサマグナ**

糸魚川-静岡構造線

フォッサマグナ

フォッサマグナの西側は中生代や古生代（p.19）の地層だが、フォッサマグナの部分は、大地が裂けてできた溝に堆積した新しい地層だ。フォッサマグナの地層は、深さが6000m以上あることがわかっている。

 **コラム**

### 諏訪湖は交叉する2つの断層が生んだ！

　周囲約16kmもある湖、諏訪湖（長野県）。この湖が生まれた原因は2つの構造線の存在だった。日本の巨大な構造線、中央構造線と糸魚川-静岡構造線（p.42）が交叉している場所に諏訪湖はある。糸魚川-静岡構造線の東側は海洋プレートによって北西方向に、西側は大陸プレートによって逆に南東方向におされ、その力によって盆地が生まれ、そこに水がたまったのが諏訪湖だと考えられているのだ。

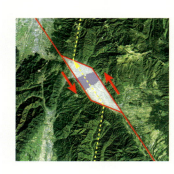

諏訪湖（紫色）付近の中央構造線（黄色）と糸魚川-静岡構造線（赤色）。糸魚川-静岡構造線は東側が北西方向に、西側は南東方向にずれ、さらに中央構造線は諏訪盆地（紫色と白色）の南側と北側で、およそ12kmもくいちがっている。研究から、このずれは120万年かけてできたと考えられている。

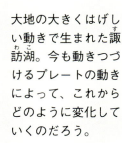

大地の大きくはげしい動きで生まれた諏訪湖。今も動きつづけるプレートの動きによって、これからどのように変化していくのだろう。

3章　形をかえる地層

# Information
インフォメーション

## 地層を見にいこう！

地層を観察するときのポイントをおさえて、実際に地層を見にいってみよう。

実際に見る地層は迫力満点だよ！

### おすすめ地層
この本に登場したいくつかの地層の見どころを紹介します。

#### ふしぎな形の巨岩がならぶ

AREA 仏ヶ浦（青森県）

写真：竹下光士

海底火山の噴火と地層の隆起で生まれた仏ヶ浦。長い年月のあいだに、風雨や波によりけずられたさまざまな形の凝灰岩が、約2kmにもわたって海ぞいにならびたつ。

問合先：青森県下北郡佐井村大字佐井字大佐井112-1 佐井村観光協会
電話：0175-38-4515

#### 日本を二分する断層

AREA 糸魚川-静岡構造線（新潟県）

写真：フォッサマグナミュージアム

日本列島を東西に分断する大断層で、長さは約250kmにおよぶ。フォッサマグナパークでは、東西に接する約1600万年前と約3億年前の岩石が見学できる。

問合先：新潟県糸魚川市根小屋2482 フォッサマグナパーク
電話：025-553-1880（フォッサマグナミュージアム）

#### バウムクーヘンみたいな地層

AREA 伊豆大島ジオパーク（東京都）

写真：竹下光士

活発な火山島である伊豆大島では、何度もの噴火により火山灰が何層にも積もった地層が見られる。ここは、道路工事で山をけずったらあらわれた地層大切断面。

問合先：東京都大島町元町1-1-14 大島町観光課内 伊豆大島ジオパーク推進委員会事務局
電話：04992-2-1446

#### 数百mの厚さの石灰岩

AREA 秋吉台（山口県）

サンゴ礁が堆積してできた秋吉台の石灰岩は、500～1000mもの厚さになる。雨水などが石灰岩の割れ目からしみこみ、さまざまな地形をつくる。

問合先：山口県美祢市秋芳町秋吉3506-2 秋吉台観光交流センター総合案内所
電話：0837-62-0115

#### まるで地層の博物館

AREA 室戸ユネスコ世界ジオパーク（高知県）

写真：竹下光士

室戸市では、地球のプレート運動による大規模な隆起などにより、スランプ構造、リップルマーク、ダービダイトなどさまざまな地層の構造を見ることができる。

問合先：高知県室戸市室戸岬町1810-2 室戸世界ジオパークセンター
電話：0887-22-5161

#### 曲がりくねった地層

AREA 嘉陽層の褶曲（沖縄県）

写真：竹下光士

5000万～4000万年ほど前に堆積した泥岩と砂岩の地層が、地球のプレート運動によって褶曲した。砂岩の層には海底に生息した生き物の活動痕が残っている。

問合先：沖縄県名護市大中4-20-50 名護博物館内 名護市教育委員会文化課
電話：0980-53-3012

# 観察ポイント

ふしぎな地層や美しい地層はたくさんあります。観察ポイントを知っておくと、いろいろな情報を読みとることができ、地層観察がさらに楽しくなります。

## ポイント1 地層はどんなもよう?

> p.14〜15を参考にしよう!
> 地層には、ふしぎな形やもようをしているものがある。それをよく観察すると、堆積物がどのような環境や状況で積もったのかなどがわかる。

炎のようなもようの火炎構造。　写真:竹下光士

## ポイント2 地層は曲がっている?

> p.38〜39を参考にしよう!
> 波のように曲がって褶曲した地層がある。曲がり方によって、力がどのように加わったかなどが推測できる。

大きく曲がっていて、強い力が加わったことが推測できる地層の褶曲。　写真:高木秀雄

## ポイント3 地層はどんな色や質感?

> p.13を参考にしよう!
> 地層の岩石は、堆積物の種類によって色や質感、ふくまれているものがちがう。よく観察すると、岩石の種類がわかる。

岩石のかけらでできた「れき岩」

砂でできた「砂岩」

（堆積岩4点すべて）所蔵:国立科学博物館

サンゴなどの死がいでできた「石灰岩」

泥でできた「泥岩」

博物館やジオパーク、地学を学べる大学などのウェブサイトを見ると、観察の参考になる情報がのっているよ。

## ポイント4 地層はずれている?

> p.40〜41を参考にしよう!
> 断層は、地層の割れ目がまわりからの力でずれてしまったものだ。ずれ方によって、どのように力が加わったのかがわかる。

地面の両側から、引きさくような力が加わったことでできた正断層。

## コラム インターネットで地層観察!

遠い地域の地層にはいけないこともあります。そんなときは、パソコンのインターネットを活用しましょう。Googleが提供している地図サービスのGoogleマップやGoogleアースで、地層名や「地名＋地層」などと検索すると、地層の画像が出てきます。

©2024 Google

Googleマップで「伊豆大島 地層」と検索して出てきた地層大切断面の画像。

# さくいん

## あ

| | |
|---|---|
| 秋吉台 | 32,44 |
| 阿蘇山 | 28 |
| アンテロープキャニオン | 7 |
| イスアの地層 | 19 |
| 伊豆大島 | 28,44 |
| 糸魚川-静岡構造線 | 42〜44 |
| 運搬 | 24 |
| 恵比須島 | 30 |
| 鬼の洗濯板 | 23 |
| 温暖化 | 33 |

## か

| | |
|---|---|
| 海底火山 | 30,31,43 |
| 火炎構造 | 15 |
| 鍵層 | 29 |
| 火山 | 17,27〜30 |
| 火山灰 | 17,27〜31 |
| 化石 | 10,16,17,33 |
| 活断層 | 41,42 |
| 嘉陽層 | 38,44 |
| カルスト台地 | 32 |
| 関東ローム層 | 29 |
| 貫入 | 41 |

| | |
|---|---|
| カンブリア紀の地層 | 18,19 |
| 逆断層 | 40 |
| 級化層理 | 15 |
| 凝灰岩 | 13,31 |
| グランドキャニオン | 8,9 |
| クロスラミナ | 15 |
| 芥屋の大門 | 23 |
| 構造線 | 42,43 |

## さ

| | |
|---|---|
| 砂岩 | 7,13,36,38 |
| 砂丘 | 26,27 |
| 桜石 | 36 |
| 砂漠 | 27 |
| サハラ砂漠 | 27 |
| 三波川帯 | 37,42 |
| 三陸海岸 | 37 |
| シアノバクテリア | 31 |
| 宍喰浦 | 16,17 |
| 示準化石 | 16 |
| 地震 | 40,41 |
| 示相化石 | 16 |
| 四万十川 | 24 |
| 四万十帯の露頭 | 13 |
| 蛇石 | 41 |

| | |
|---|---|
| 褶曲 | 7,38,39 |
| 褶曲山脈 | 7 |
| 城ヶ倉渓谷 | 25 |
| 城ヶ島 | 14,15,40 |
| 鍾乳洞 | 32 |
| ジルコン | 19 |
| 侵食 | 8,24,31,32 |
| 水月湖 | 15 |
| 須佐 | 36 |
| スランプ構造 | 14 |
| 諏訪湖 | 43 |
| 整合 | 12 |
| 正断層 | 40,45 |
| 石炭 | 17 |
| 石油 | 33 |
| 石灰岩 | 6,8,13,32,33,36,37 |
| セブンシスターズ | 6 |
| 層理 | 10 |
| ソールマーク | 15 |

## た

| | |
|---|---|
| タービダイト | 35 |
| 堆積 | 8,12,14,15,20,21,24 |
| 堆積岩 | 13,19 |
| 堆積構造 | 14 |

| | |
|---|---|
| 大山 | 27 |
| 大理石 | 37 |
| 単層 | 10,15 |
| 断層 | 40〜43 |
| 地磁気 | 17,21 |
| 地磁気逆転 | 21 |
| 地質年代／地質年代表 | 19,20 |
| 地層大切断面 | 28 |
| 千葉セクション | 20,21 |
| チバニアン | 20,21 |
| 知夫里島 | 29 |
| チャート | 10,13,22,33 |
| 中央構造線 | 42 |
| 沈降 | 8,12 |
| 泥岩 | 10,13,36,38,41,45 |
| テフラ | 17 |
| 堂ヶ島 | 31 |
| 鳥取砂丘 | 26,27 |
| 虎岩 | 22 |

### な

| | |
|---|---|
| 二酸化炭素濃度 | 33 |
| 西之島新島 | 30 |
| 日本列島 | 25,30,35,43 |
| 年縞 | 15 |
| 年代測定 | 17,19 |
| 野島断層 | 40 |

### は

| | |
|---|---|
| ハマースレイ縞状鉄鉱層 | 31 |
| 飛水峡 | 10 |
| 百枚皿 | 32 |
| 屏風ケ浦 | 11 |
| フェニックス褶曲 | 39 |
| フォッサマグナ | 43 |
| 付加体 | 25,32 |
| フズリナ | 33 |
| 不整合 | 12 |
| プレート | 12,25,30,32,34,35,37〜44 |
| 噴火 | 17,28〜30 |
| 変成岩 | 18,37 |
| 放散虫 | 10,22,33 |
| 放射性元素 | 17,19 |
| 放射年代測定 | 17,19 |
| 仏ヶ浦 | 31,44 |
| ホルンフェルス | 36,37 |

### ま

| | |
|---|---|
| マグマ | 23,28〜30,36,37,41 |
| 宮沢林道の大褶曲 | 39 |
| 室戸岬 | 34 |
| 室戸ユネスコ世界ジオパーク | 44 |

### や

| | |
|---|---|
| 横ずれ断層 | 41 |
| 吉野熊野国立公園 | 39 |

### ら・わ

| | |
|---|---|
| リップルマーク | 14 |
| 隆起 | 8,12,20,30〜32,39 |
| 領家帯 | 37,42 |
| れき岩 | 13 |
| ローム層 | 29 |
| 露頭 | 11,14 |

47

## 監修：高木秀雄（たかぎ ひでお）

早稲田大学 教育・総合科学学術院 教授。博士（理学、名古屋大学）専門：構造地質学。1955年生まれ。東京都世田谷区出身。千葉大学理学部地学科卒業。名古屋大学大学院理学研究科博士前期課程修了。英国ロンドン大学Royal Holloway and Bedford New Collegeにて訪問研究員。日本地質学会ジオパーク支援委員会委員などを務める。著書に『年代でみる 日本の地質と地形』（誠文堂新光社）、『三陸にジオパークを』（早稲田大学出版部）、監修書に『CG細密イラスト版 地形・地質で読み解く 日本列島5億年史』（宝島社）など多数。

### 取材協力
岡田 誠

### 写真提供（五十音順）
Web版岐阜県地質図『ジオランドぎふ』、大鹿村中央構造線博物館、岡田 誠、海上保安庁、神奈川県立生命の星・地球博物館、川上伸一、環境省、環境省ホームページ、倉敷市立自然史博物館、国立科学博物館、坂垣直俊、山陰海岸国立公園鳥取砂丘ビジターセンター、高木秀雄、竹下光士、東京大学地震研究所、富山市科学博物館、名古屋大学博物館、日立市郷土博物館、フォッサマグナミュージアム、福井県年縞博物館、福原達人、益富地学会館、amanaimages、Artefactoryimages、PIXTA、Shutterstock

### おもな参考文献（順不同）
高木秀雄 監修『CG細密イラスト版 地形・地質で読み解く 日本列島5億年史』（宝島社）
高木秀雄 監修『世界遺産でたどる 美しい地球』（新星出版社）
高木秀雄 監修『日本列島5億年の生い立ちや特徴がわかる 年代で見る日本の地質と地形』（誠文堂新光社）
目代邦康 著・笹岡美穂 絵『地層のきほん』（誠文堂新光社）
岡田誠 著『チバニアン誕生 方位磁針のN極が南をさす時代へ』（ポプラ社）
小白井亮一 文・写真『すごい地層の読み解きかた』（草思社）
神沼克伊 著『地球科学者と巡るジオパーク日本列島』（丸善出版）
竹下光士 著『ジオスケープ・ジャパン 地形写真家と巡る絶景ガイド』（山と溪谷社）

---

日本列島5億年の旅
大地のビジュアル大図鑑 ③

# 時をきざむ地層

発行　2024年11月　第1刷

---

**装丁・デザイン**
矢部夕紀子（ROOST Inc.）

**デザイン**
村上圭以子（ROOST Inc.）

**DTP**
狩野蒼（ROOST Inc.）

**イラスト**
マカベアキオ

**校正**
有限会社あかえんぴつ

**協力**
鈴木有一（株式会社アマナ）

**編集**
室橋織江
中野富美子
畠山泰英（株式会社キウイラボ）

監修：高木秀雄（たかぎ ひでお）
発行者：加藤裕樹
編集：原田哲郎
発行所：株式会社ポプラ社
〒141-8210
東京都品川区西五反田3丁目5番8号　JR目黒MARCビル12階
ホームページ：www.poplar.co.jp（ポプラ社）　kodomottolab.poplar.co.jp（こどもっとラボ）
印刷・製本：瞬報社写真印刷株式会社
©POPLAR Publishing Co.,Ltd.2024　Printed in Japan
ISBN978-4-591-18291-8/N.D.C.456/47P/29cm

落丁・乱丁本はお取り替えいたします。
ホームページ（www.poplar.co.jp）のお問い合わせ一覧よりご連絡ください。
読者の皆様からのお便りをお待ちしております。いただいたお便りは制作者にお渡しいたします。
本書のコピー、スキャン、デジタル化等の無断複製は著作権法上での例外を除き禁じられています。
本書を代行業者等の第三者に依頼してスキャンやデジタル化することは、
たとえ個人や家庭内での利用であっても著作権法上認められておりません。
P7254003

日本列島5億年の旅

# 大地の
# ビジュアル
# 大図鑑

全**6**巻

N.D.C.450

① 地球の中の日本列島　監修：高木秀雄　N.D.C.455

② 地球は生きている 火山と地震　監修（火山）：萬年一剛　監修（地震）：後藤忠徳　N.D.C.453

③ 時をきざむ地層　監修：高木秀雄　N.D.C.456

④ 大地をつくる岩石　監修：西本昌司　N.D.C.458

⑤ 大地をいろどる鉱物　文・監修：西本昌司　N.D.C.459

⑥ 大地にねむる化石　文・監修：田中康平　N.D.C.457

**小学校高学年〜中学向き**

・B4変型判　・各47ページ
・図書館用特別堅牢製本図書

ポプラ社はチャイルドラインを応援しています

18さいまでの子どもがかけるでんわ
チャイルドライン®
0120-99-7777
毎日午後4時〜午後9時 ※12/29〜1/3はお休み

チャット相談はこちらから

電話代はかかりません
携帯（スマホ）OK